かんたの おでかけメモ

でかける 前に、もっていくものや
よていを かいてみましょう。

✏ 水ぞくかんへ もっていくもの

- ☑ ハンカチ
- ☑ おさいふ

✏ おでかけの 日の よてい

午前8時………朝ごはん、歯みがき
午前9時………家を 出発
午前10時……水ぞくかんに つく

☆水ぞくかんで ぜったい 見たいもの☆

およいでいる ホッキョクグマ

午後3時………水ぞくかんを 出て 家へ 帰る

水ぞくかんへ いこう

写真・文：加瀬健太郎　監修：野口武悟（専修大学教授）

今日は ずっと 楽しみにしていた
水ぞくかんに やってきました。

ポプラ社

お兄ちゃんの　かんたと
弟の　きよたは
海の　生きものが　だいすき。
「お兄ちゃん、
水ぞくかんに　イルカは
いるの？」
と　きよた。
「もちろん　いるよ。
ほかにも　たくさん　生きものが
いるんだよ。
早く　見にいこう」
と　かんた。

ふたりは　もう　まちきれません。

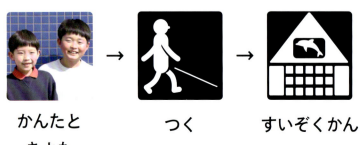
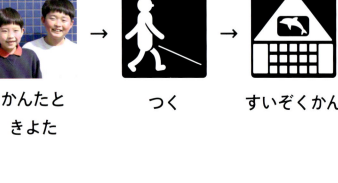

かんたと
きよた　　　つく　　すいぞくかん

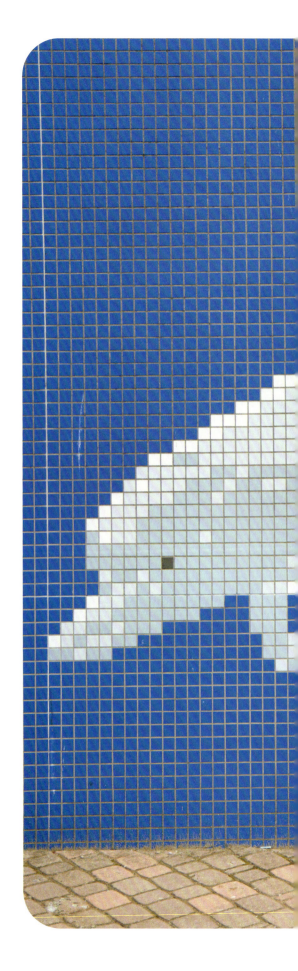

入場けん ください！

水ぞくかんの 入場けんを
買います。
「こんにちは。何名さまですか？」
と まどぐちの 人が
言いました。
「小学生 ふたりです」と
かんたは 大きな 声で
言いました。

お金を はらって 入場けんを
うけとると、水ぞくかんの
入りぐちに むかいます。

かんたと
きよた

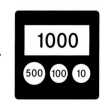
かう

にゅうじょうけん

「水ぞくかんの　なかって
くらいんだね。なんだか
どきどきするよ」と　きよた。

ふたりは　まいごになったり、
ころんだりしないように
手を　つないでいくことにしました。

 →  →

かんたと　　　　はいる　　　すいぞくかん
きよた

水ぞくかんの生きものたち

イルカ

シロイルカ

ペンギン

タツノオトシゴの なかま

チンアナゴ

カメ

カクレクマノミ

キイロハギ

ナンヨウハギ

ウツボ

水ぞくかんでは、いろいろな 生きものを
見ることが できます。

 →  →

すいぞくかん　　いきもの　　いろいろ

「ほら、あそこに　チンアナゴが　いるよ」
「本当だ！　あれは　なんて　いう　魚かな？」
ふたりは　海の　生きものたちに　だいこうふんです。

 →  →

かんたと　　　　　みる　　　　　いきもの
きよた

つぎの　水そうには　大きな　生きものが　います。
「わあ！　セイウチだ！」
ふたりよりも　大きな　セイウチが
すぐ　そばを　すいすい　およいでいきました。

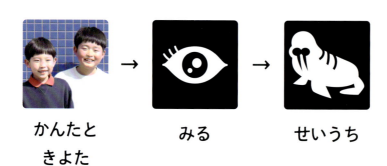

かんたと　　　　みる　　　　せいうち
きよた

「こっちには ホッキョクグマが いるよ!」
「ホッキョクグマって およぐの じょうずなんだね」と
ふたりは びっくり。

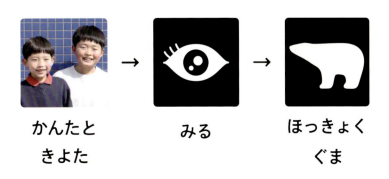

かんたと　　　みる　　　ほっきょく
きよた　　　　　　　　　ぐま

先に　すすむと、かべいちめんに
大きな　水そうが　あらわれました。
「サメだ！」「イワシの　むれが　きたよ！」
「エイも　いる！」たくさんの　魚を
見ていると、ふたりは　海の　なかに
いるような　きもちに　なりました。

 → →

すいそう　　　いきもの　　　たくさん

「お兄ちゃん、ぼく おなか すいたよ」と きよた。
ふたりは 売店に おやつを 買いにきました。
いろいろな おやつが あって、
まよってしまいます。

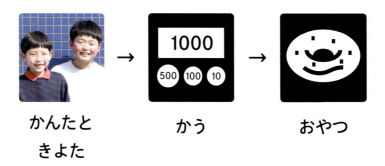

かんたは イルカ、きよたは ペンギンの
形(かたち)の おやつを 買(か)いました。
ふたりは あまい おやつを 食(た)べながら、
つぎは どこに いこうかと 話(はな)しあいます。

 →  →

かんたと
きよた

たべる

おやつ

この 水ぞくかんには、水の なかに 手を 入れて、
生きものに さわることのできる 場所が あります。
生きものが だいすきな ふたりは おおよろこび。

「魚が びっくりするから そっと さわってね」と
水ぞくかんの お姉さんが 教えてくれました。
「サメって ざらざらしているんだ」と きよた。
生きものに さわったあとは、
せっけんで しっかり あらいます。

かんたと　　　さわる　　　さかな
きよた

ふたりが 歩いていると、
むこうから ぴょこぴょこと
ペンギンが 歩いてきました。
「ペンギンの だいこうしんだ！」
「あの子は ちっちゃいけど
こどもかな」
ふたりは ペンギンに
くぎづけです。

 →  →

かんたと　　　　みる　　　　ぺんぎん
きよた

かんたと きよたは
イルカを 見に
やってきました。
イルカたちは 音楽に
あわせて およいだり、
高いところまで
ジャンプ したり、
力づよい うごきを します。

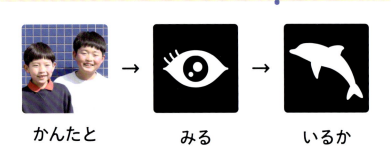

かんたと きよた　→　みる　→　いるか

シロイルカも 出てきました。

すいすい およいだり、口から 水を ふいたり。

大きな からだの かわいい シロイルカに

お客さんも たくさん はくしゅを しています。

はらはら どきどきの 時間は
あっという 間に おわりました。
「ぼくも イルカと いっしょに およいでみたいな」と
かんたは おもいました。

 →

かんたと
きよた

まんぞく

さいごに、ふたりは
おみやげやさんに
やってきました。
「ぼく　これに　する！」
かんたは　水色、
きよたは　きみどり色の
メンダコの　キーホルダーを
買いました。

「これに きまり！」

 → →

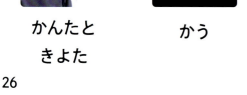

「イルカの ジャンプ
すごかったね」
「はじめて サメに さわったよ」
「チンアナゴ かわいかったね」
今日 一日、水ぞくかんで
たくさん あそんだ ふたり。
「ぜったい また 水ぞくかんに
こようね」と
やくそく しました。

 →  →

かんたと　　　　でる　　　すいぞくかん
きよた

水ぞくかんの 楽しみかた

① 入場けんを 買う

まどぐちで 人数分の
入場けんを 買おう。

② 生きものを 見る

いよいよ、水ぞくかんの なかへ。
生きものを かんさつしよう。

③ 生きものと ふれあう

生きものと ふれあうことが
できる 水ぞくかんも ある。
生きものには やさしく さわろう。

生きものに ふれたあとは
手を あらおう。

水ぞくかんでは、どんなふうに　すごすのかな？
どんなことに　気をつければ　よいのかな？

水ぞくかんの　なかで　まもる　ルール

水そうを　見る　ときは
じゅんばんを
まもろう。

生きものが
おどろくので
水そうを　たたかない。

水ぞくかんの　なかは
くらい。足もとや
ほかの　お客さんに
気をつけよう。

おやつや　おみやげやさんも　楽しみの　ひとつ

水ぞくかんでは、かわいい　おやつを　食べたり、
おみやげを　見たりするのも　楽しいよ。

イルカや
ペンギンの
形の　おやつ！

かわいい
キーホルダー！

障がいの有無や国籍に関わらず だれもが読める LL ブック

　LL ブックの「LL」は、スウェーデン語で「やさしい文章でわかりやすい」を意味する Lättläst をちぢめたものです。「わかりやすさ」へのニーズが高い、知的障がいのある人や日本語を母語としない人などをメインの読者として想定していますが、だれもが読むことができます。LL ブックの特徴としては、

● 写真などで、内容を具体的に表している
● 短く、やさしい日本語表現の文章で書かれている
● すべての漢字、カタカナにふりがながついている
● 文章の意味の理解を助けるピクトグラム（絵記号）がついている

このような点をあげることができます。文部科学省の「学校図書館ガイドライン」（2016 年）では、LL ブックの整備を勧めています。障がいのある人をふくめ、だれもが読書の権利をもっています。その権利を保障し、社会参加に必要な知識や情報を得る助けとなるのが LL ブックなのです。

　このシリーズは、読者に外出の楽しさを感じてもらうこと、また、外出先でのマナーや施設の利用方法について知ってもらうことをめざしてつくられています。水族館を舞台とした本書では、ふだん見ることのできない海の生き物との出会いや、館内をめぐるドキドキ感を味わっていただけることと思います。あわせて、入場券やおやつ、おみやげの買い方、館内で気をつけたいことなども学べるようになっています。ぜひ、水族館を訪れる前に、ご家庭や学校で、この本を読んで学んでほしいと思います。

　すべての学校図書館や地域の図書館に LL ブックが整備され、だれもが利用できるようになることを願っています。

専修大学教授　野口武悟

写真・文：加瀬健太郎（かせけんたろう）

写真家。1974年大阪生まれ。東京の写真スタジオで勤務の後、イギリスに留学。London College of Communicationで学ぶ。著書に『スンギ少年のダイエット日記』『お父さん、だいじょうぶ？日記』（リトルモア）、『イギリス：元気にジャンプ！ブルーベル（世界のともだち）』（偕成社）、絵本『ぐうたらとけちとぷー』（絵・横山寛多/偕成社）がある。

監修：野口武悟（のぐちたけのり）

専修大学文学部教授、放送大学客員教授。博士（図書館情報学）。専門は、読書バリアフリー、子どもの読書など。第8回JBBY賞などを受賞したLLブックシリーズ「仕事に行ってきます」（埼玉福祉会出版部）の監修などを手がける。主な著書に『読書バリアフリーの世界：大活字本と電子書籍の普及と活用』（三和書籍）などがある。

撮影協力：横浜・八景島シーパラダイス

協力：生井恭子（東京都立鹿本学園教諭）
本文イラスト：磯村仁穂
本文・装丁デザイン：倉科明敏（T.デザイン室）
ピクトグラム画像：PIXTA
編集制作：中根会美（303BOOKS）

すべての人に読書を　ポプラ社のLLブック③
水ぞくかんへいこう

発行	2025年4月　第1刷
写真・文	加瀬健太郎
監修	野口武悟
発行者	加藤裕樹
編集	小林真理菜
発行所	株式会社ポプラ社
	〒141-8210　東京都品川区西五反田3-5-8
	JR目黒MARCビル12階
	ホームページ　www.poplar.co.jp（ポプラ社）
	kodomottolab.poplar.co.jp（こどもっとラボ）
印刷・製本	株式会社C&Cプリンティングジャパン

落丁・乱丁本はお取り替えいたします。
ホームページ（www.poplar.co.jp）のお問い合わせ一覧よりご連絡ください。

本書のコピー、スキャン、デジタル化等の無断複製は著作権法上での例外を除き禁じられています。本書を代行業者等の第三者に依頼してスキャンやデジタル化することは、たとえ個人や家庭内での利用であっても著作権法上認められておりません。

Printed in China　ISBN978-4-591-18415-8 / N.D.C. 480 / 32P / 27cm
©Kentaro Kase 2025
P7255003

家に 帰ったら……

① 手を あらおう

家に 帰ってきたら、すぐに せっけんを つかって 手を あらう。つめの 先や、ゆびの 間も きれいに してね。

② うがいを しよう

手を あらったら、うがいを する。うがいを して、のどに ついた きんを あらいおとそう。